우리 눈이 보는
색 이야기

우리 눈이 보는 색 이야기

장 마르크 레비 르블롱 | 김혜영 옮김

북스힐

차례

들어가며

하늘은 왜 파란색일까? 왜 가끔은 빨간색이나 다른 색으로 보이기도 하는 걸까? 구름은 왜 하얀색이거나 회색일까? 무지개의 색은 어떻게 생기는 것일까? 이런 질문들은 이 책을 읽는 여러분 모두가 이미 본 적이 있는 현상에 관한 의문이다. 하지만 곧 확인하게 될 답변들은 마냥 단순하지 않으며 상당히 흥미롭다. 이 답을 찾는 데 사용되는 것이 바로 과학이다.

과학은 자연에서 일상적으로 일어나는 일에서 생각지도 못한 사실을 설명해 준다. 더불어 나는 이 책을 통해 흔하지 않아 그만큼 놀라운 현상들을 이야기할 것이다. 이런 현상의 존재를 알고 있다면 언제 어디에서 어떻게 관찰할 수 있는지도 알 수 있을 것이다.

실제로 하늘은 파랗다. 하지만 때로는 연한 파란색이고, 아주 진한 파란색이기도 하다.

그런데 또 해가 질 때면, 조금 붉게 보이기도 하며 아주 빨갛게 보이기도 한다.

만약 여러분이 우주로 가 인공위성에서 하늘을 바라본다면 어떤 색으로 보일까?

검은색이다! 지구 대기권 밖 우주 공간은 온통 검은색이다.

지구에서 수백 킬로미터를 날아온 국제 우주 정거장의 사진은 그 모습을 잘 보여 준다.

그리고 지구 주위를 감싸고 있는 얇은 파란색 테두리를 볼 수 있는데, 이것은 지구의 대기다. 이 대기층은 지구의 규모에 비해 그다지 두껍지 않지만 우리는 그 안에서 숨을 쉬고 살아간다. 대기를 벗어나면 별이나 태양 외에는 온통 검은 하늘뿐이다. 이 이야기는, 대기층 덕분에 하늘이 파란색이 된다는 의미도 된다. 그렇다면 산소와 질소로 된 대기층의 색이 파란색이라는 것일까? 그건 절대 아니다. 자, 이제 생각했던 것보다 훨씬 더 미묘한 사실을 알게 될 것이다.

그런데 하늘에 관해 설명하기 전에, 모든 사람이 아름답고 푸르른 하늘을 볼 수 있는 것은 아니라는 사실을 잊지 말아야 한다. 현대의 대도시에서는 먼지, 자동차 연료인 휘발유 그리고 석탄의 연소로 인해 발생하는 이산화황과 같은 물질 때문에 공기가 너무 오염되어 버렸다. 이런 오염 물질 때문에 발생하는 갈색 안개는 아름다운 푸른빛의 하늘을 완전히 가려 버리고 건강에도 상당히 해로운 영향을 미친다. 이것이 바로 영어로 '연기'를 뜻하는 '스모크smoke'와 안개를 뜻하는 '포그fog'가 합성된 '스모그smog'다. 제대로 된 환경 관리를 통해 모든 사람이 더 깨끗한 공기와 더욱 파란 하늘을 되찾을 수 있기를 바란다.

빛의 색

하늘이 왜 파랗게 보이는지 이해하려면 일단 기초가 되는 질문부터 제기해 보아야 한다. 색이란 무엇인지부터 시작해보자. 우리의 눈은 어떻게 세상을 유색으로 볼 수 있는 걸까? 인류가 색이 무엇인지에 대해 대략이나마 알게 된 것은 고작 17세기부터다. 여러분들에게 17세기라고 하면 마치 선사시대처럼 멀게 느껴지겠지만, 사실 이 시기는 비교적 최근이다. 인류는 색이 무엇인지 모르는 채 수천 년을 살아왔으며 하늘이 왜 파란색인지 알게 된 것도 이제 겨우 4세기 정도밖에 되지 않았다.

먼저 '백색광'이라고 부르는 통상적인 빛에 대해 생각해 보자. 백색광은 태양이나 전구를 통해 우리를 비추는 보통의 빛이다. 놀라운 사실은, 이 백색광에 모든 색깔이 섞여 있다는 것이다! 이와 같은 사실을 처음으로 깨달은 사람은 영국의 위대한 물리학자 아이작 뉴턴이다.

3세기 반 전인 1666년, 아이작 뉴턴은 한 가지 실험으로 색이 무엇인지를 이해할 수 있었다. 뉴턴은 창문에 빛 가림막을 씌운 채 방에 틀어박혀 있었는데, 한쪽 창에 뚫려 있던 작은 구멍을 통해 한 줄기 빛이 들어왔다. 뉴턴은 이 구멍 앞에 프리즘 역할을 하는 깨진 유리 조각을 놓았고 프리즘이 정말 놀라운 속성을 가지고 있다는 사실을 알게 되었다. 백색광이 프리즘을 통과하면서 여러 색깔의 광선이 분리되어 나온 것이다.

뉴턴은 작은 스크린 위에 이 빛을 비추면서 빨간색에서 노란색, 초록색, 파란색, 보라색에 이르기까지의 다양한 색채를 관찰했다.

이 실험을 다시 해보는 것은 지금도 그리 어렵지 않다.

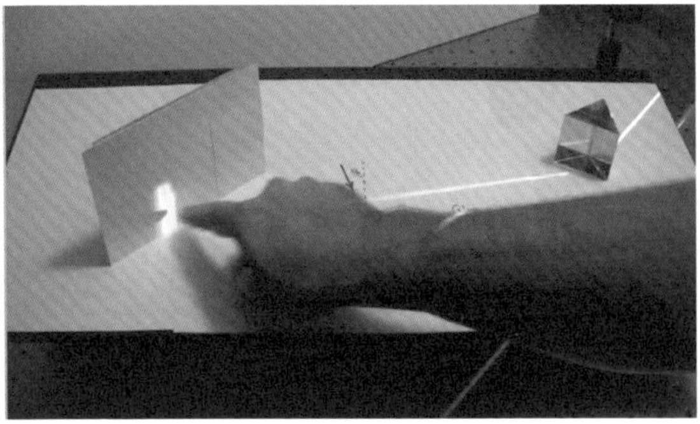

프리즘을 통해 나타나는 다양한 색상들은 무지개의 색들과 비슷하다. 이 두 현상에는 공통점이 있는 게 분명하다. 이 색상의 범위를 백색광의 '스펙트럼spectrum'이라고 부른다. 그런데 난 왜 스펙트럼이라는 단어에서 유령이 생각날까? 사실 '스펙트럼'은 '눈길이 가게 하다'라는 의미의 라틴어 어근 'spec'에서 왔다. '모습'을 의미하는 프랑스어 단어 'aspect'가 연상되기도 한다. 스펙트럼은 눈길이 가는 모습이다(보이지 않던 유령이 모습을 드러내면 눈길이 가는 게 당연하다).

뉴턴의 실험은 다음과 같이 계속되었다. 뉴턴은 프리즘을 하나 더 사용했다. 첫 번째 프리즘을 통해 나타난 무지갯빛 광선 중 선명한 색을 띤 빛이 지나는 길에 두 번째 프리즘을 놓아 보았는데, 뉴턴은 여기에서 또 놀라운 사실을 발견했다. 빛이 두 번째 프리즘을 통과할 때는 색이 변하거나 다양한 색상의 광선으로 분리되지 않았다.

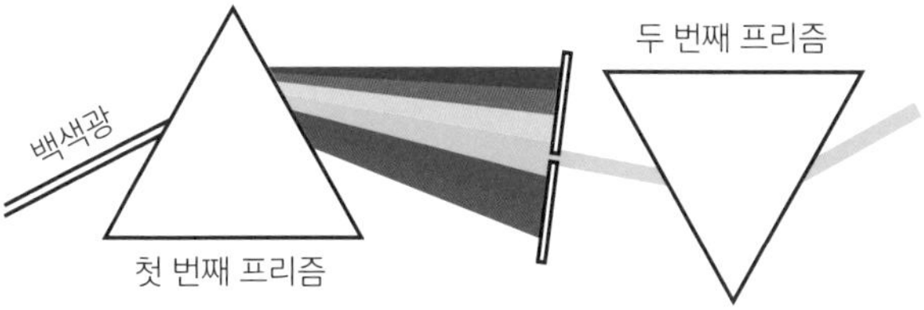

이를 통해 첫 번째 프리즘은 백색광을 '원색(일차색)'이라고 부르는 색상들로 분리하며, 각각의 원색은 모든 원색의 혼합인 백색광과 다르다는 결론을 내릴 수 있다. 빛이 하루 중 언제의 태양인지 또는 어떤 전구(백열전구)인지에 따라 이 혼합, 즉 백색광은 조금씩 다를 수 있다. 하지만 우리의 문화적 표현과 상상계에서 허용되는 통념과는 달리 물리학자들의 백색은 모든 색상 중 가장 순수하다고 할 수 없다!

그런데 이것 때문에 백색광이 지닌 시적인 측면까지 없앨 필요는 없다. 베르길리우스가 프리아모스를 묘사하며 "그의 이마의 순수한 백색이 아름다움을 드러낸다"고 말하고, 묵시록에서 천상의 군대가 "순수한 흰색의 가는 모시가 덮인 백마 위에 올라탔다"고 주장하고, 빅토르 위고가 아름다운 볼두르의 얼굴을 "하얗고 맑은 샤를마뉴 왕의 뽀얀 코처럼 감탄스럽다"고 묘사한 것까지 뭐라고 하지는 말자.

자, 그럼 다시 물리학으로 돌아오자. 자연적으로 백색광의 분리를 관찰하는 건 그리 드문 일이 아니다. 가장자리가 비스듬히 깨진 창문이나 거울이 프리즘 역할을 하여 벽이나 바닥에 무지갯빛의 색깔 띠가 비치는 모습을 흔히 볼 수 있다. CD나 DVD 위에서 비슷한 현상을 관찰해본 적이 있을 것이다. 이 무지개에 관해서도 곧 설명하겠다.

이렇게 다양한 색상의 특성은 무엇일까? 19세기에 물리학자들은 색이 물 위의 파도처럼 흔들리면서 퍼지는 파동의 속성을 가지고 있다는 것을 알게 되었다.

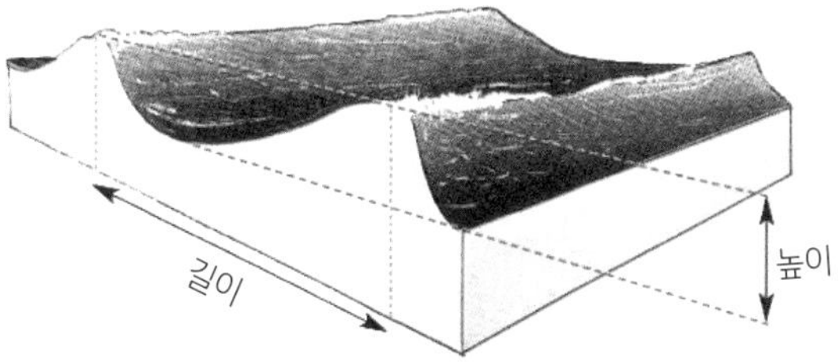

색의 개념은 파동의 속성을 통해 매우 정확하게 규정지을 수 있다. 원색의 빛은 파장이 일정하다는 특징을 가진다. 물 위의 파도를 떠올려 봤을 때, 연속적인 파도 두 개의 정점 사이 거리를 파장이라고 한다. 빛 파장의 경우, 색상마다 특정 파장이 있다. 그런데 어떤 파동은 모양이 복잡해서 독자적인 파장으로 특정할 수 없다. 원색들의 파장이 매우 특별하다고 하는 이유가 바로 이것이다. 그래서 우리는 갈색, 자주색, 하얀색처럼 원색의 범위에 들지 않는 색깔들을 지각한다.

한 가지 덧붙여야 할 점이 있다. 원색들이 서로 겹쳐지면서 '원색처럼' 보이게 섞일 수 있다는 사실이다. 여러분은 모두 물감이나 색연필을 가지고 놀다가 노랑과 파랑을 섞으면 초록이 된다는 사실을 경험으로 알고 있을 것이다. 정확하게 말하자면, 초록색에도 스펙트럼에 나타나던 초록색과 다른 색이 혼합된 초록색이 존재한다는 이야기다. 여러분의 눈은 그 차이를 알 수 없다. 언젠가 여러분에게 우리의 눈과 뇌가 색을 지각하는 방식을 설명하기 위해 신체의 영역이 아닌 신경생리학과 생물학에서 다루어야 할 까다로운 문제들에 대해 다시 강의해야 할 것 같다.

인간의 눈이 감지하는 원색의 범위는 보라색에서 빨간색까지다. 이 색상들에 해당하는 파장의 길이는 몇백 나노미터 정도다. 나노미터는 아주 짧은 길이의 단위로, 1나노미터는 1미터의 10억분의 1에 해당한다. 보통 물의 파도는 수 미터의 파장을 가지는데, 색의 파장은 이와는 거리가 먼 미시적 척도에 해당한다.

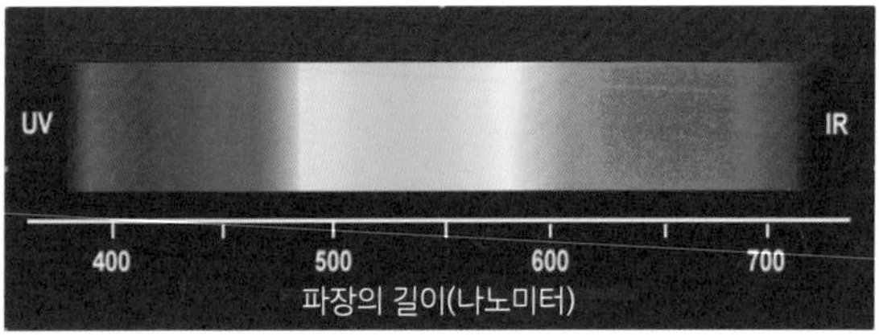

따라서 우리가 이러한 현상을 이해하기까지는 당연히 오랜 시간이 걸릴 수밖에 없다. 고대 그리스인들과 중세시대의 과학자들은 미세한 범위에서 일어나는 일을 이해하기 위해 필요한 도구들이 없었다.

사물의 색

지금까지는 빛의 색에 대해 살펴보았다. 그렇다면 사물의 색은 어떨까? 청바지는 왜 파랄까? 왜 당신이 앉아 있는 의자는 빨갛고 들고 있는 종이는 하얄까? 사실 색은 사물이 보유한 것이 아니라 사물이 우리에게 보내는 빛을 우리의 눈이 감지하는 것이다. 백색광이 사물을 비추면, 그 사물이 만들어진 자재에 따른 다양한 특성의 원색을 흡수하거나 반사하도록 한다. 만약 사물이 모든 파장에 해당하는 모든 빛을 흡수하여 우리에게 빛을 전혀 보내지 않거나 거의 보내지 않는다면 우리는 그 사물이 검은색이라고 말할 것이다. 반대로 사물이 똑같이 모든 색을 반사한다면 우리는 그 사물을 하얀색으로 본다. 사물이 주로 빨간색, 오렌지색 그리고 노란색을 흡수하면 우리 눈에 그 사물은 파란색으로 보인다. 파란색은 초록색이나 보라색 어느 쪽을 더 많이 혹은 덜 흡수하는지에 따라 초록색에 가깝거나 보라색에 가까운 파란색이 된다. 만일 보라색, 파란색, 초록색, 노란색을 흡수한다면, 그 사물은 빨간색으로 보일 것이다.

사물을 비추는 광원光源이 백색광이 아니라면 사물은 또 다른 색으로 보일 것이다. 예를 들어, 당신이 평소에 의식하지는 않지만 잘 알고 있는 색광色光이 있다. 바로 고속도로 터널을 비추는 나트륨램프가 발산하는 황색광이다.

나트륨램프의 원자는 빨간색이나 초록색 빛이 전혀 섞이지 않은 절대적으로 순수한 노란색의 빛을 발한다. 고속도로 터널이나 나트륨램프가 켜진 또 다른 환경에서 당신은 어떤 색을 볼까? 그렇다. 모든 게 노란색으로 보인다. 그 어떤 다른 색상도 감지되지 않는다. 당신 눈에 도달하는 유일한 빛이 노란색이기 때문이다. 차를 타고 터널을 통과할 때 확인해 보아라. 당신이 파란 셔츠와 초록 바지를 입었다고 가정해 보자. 터널 안으로 들어가기 전과 터널 안에서 당신의 옷 색깔이 어떻게 달라지는지 주의 깊게 살펴보자. 파란색과 초록색은 사라지고 노란색과 옅은 갈색, 밤색만 보일 것이다. 전부 노란 색조로 이외의 다른 색은 보이지 않는다.

나트륨램프가 켜진 터널 안에서 왼쪽의 티셔츠와 바지를 본다고 상상해 보라. 당신이 보게 될 모습은 바로 모든 색깔이 사라진 오른쪽과 같은 모습이다.

색 개념에 대해 두 가지의 중요한 점을 주목해 보겠다.

첫째, 무지개색은 흔히 말하는 것과 달리 일곱 가지의 단색만 있는 게 아니다. 빛의 스펙트럼을 빨강, 주황, 노랑, 초록, 파랑, 남색, 보라의 일곱 가지 색으로 분할하는 것은 사실 매우 임의적인 일이다. 색상의 범위는 연속적이다. 예를 들어, 빨강과 주황 사이에는 주홍색이 있다. 초록과 파랑 사이도 마찬가지로 청록이 있으며 파랑과 청록 사이에도 '초록보다 파랑에 훨씬 가까운' 색이 있다(24쪽 그림을 보라). 그렇다면 우리는 왜 색에 관해 이야기할 때 일곱 가지로 분류할까? 우리의 시각 기관은 이런 연속적 색조를 서로 구분된 색상의 띠로 자르려는 경향이 있기 때문이다. 굳이 따지자면 무지개의 색은 빨강, 주황, 노랑, 초록, 파랑, 보라와 같이 여섯 가지뿐이다! 음계가 일곱 개인 것에서 유추해 무지개에서도 꼭 일곱 가지 색상을 보려고 했던 사람은 뉴턴이다. 음계란 너무나도 자의적인 개념이다. 아무도 우리에게 일곱 개의 음계로 곡을 연주하라고 강요하지 않는다. 예를 들어, 어떤 동양음악의 음계는 다섯 개의 음으로 이루어지기도 한다. 따라서 뉴턴은 사실상 그가 파랑과 보라 사이에 배치한 '남색'이라는 여섯 번째 색깔을 발명한 것이나 마찬가지지만 아무도 그 색깔들의 진짜 차이를 구별하지 못한다. 그러므로 무지개를 일곱 가지 색깔이라고 말하는 것은 실질적 현실과는 전혀 관련이 없다는 사실을 명심하기 바란다.

둘째, 우리의 눈은 빨강에서 보라까지 이어지는 색상들만 볼 수 있다는 사실이다. 빨간색보다 큰 파장과 보라색보다 작은 파장을 지닌 빛의 파동이 존재하는데, 이를 '적외선'과 '자외선'이라 부른다. 인간의 눈은 빨간색에서부터 보라색까지의 파장 범위만 감지할 뿐 적외선과 자외선은 보지 못한다. 많은 동물이 인간과 다르게 다양한 파장에 민감한 눈을 가지고 있다. 꿀벌은 빨강 영역은 적게, 보라 영역은 더 많이 본다. 또 어떤 동물들은 인간보다 훨씬 더 정밀한 색채 시각을 가졌다. 인간의 눈은 파랑과 노랑이 섞이면서 생기는 초록과 순수한 원색으로서의 초록을 혼동한다. 하지만 비둘기처럼 우리보다 더 성능이 좋은 눈을 가진 동물들은 파랑과 노랑이 섞인 초록과 단색 초록을 구별할 수 있다. 인간의 경우, '색맹'이라고 불리는 색채 시각 이상 때문에 평균 수준으로 색을 보지 못하는 사람들이 있다. 비둘기와 비교했을 때 인간은 색맹이라고 간주하면 된다. 우리는 비둘기보다 색을 잘 보지 못하니까 말이다.

빛이 분산될 때

이제는 색의 본질에 대해 이해했으니 다시 하늘의 색에 관한 이야기로 돌아오자. 왜 하늘은 파랄까? 하늘은 어떻게 태양이 백색광을 발산해 하늘을 비춘다는 이유만으로 파란빛을 반사하는 것일까? 대답은 빛이 산란하는 과정에서 찾을 수 있다. '확산하다'라는 말은 '사방으로 돌려보낸다'는 의미로 흔히 '정보의 확산' 같은 표현에서 많이 들어보았을 것이다. 이처럼 가스 분자들과 작은 먼지 알갱이들로 가득한 하늘에 빛을 비추면, 빛은 이런 분자 및 알갱이 들과의 접촉 후 분산되어 사방으로 퍼진다. 그런데 작은 먼지 알갱이들은 그 주변의 빛을 우리가 지금까지 계속 이야기해 온 빛의 색에 따라 각기 다른 방식으로 돌려보낸다.

우리가 작은 입자 위로 빛을 보낸다고 상상해 보자. 만약 우리가 빨간색 빛을 비춘다면 빛이 가장 많은 부분은 앞을 향해 나아가고 적은 양의 빛만 사방으로 흩어지는 방식으로 확산한다. 반면, 같은 크기의 작은 입자를 보라색 빛으로 비춘다면 사방으로 잘 분산된다. 바로 이런 현상이 하늘이 파란 이유를 설명해 줄 수 있다! 실제로 지금 백색광을 우리의 작은 입자에 보내 보자.

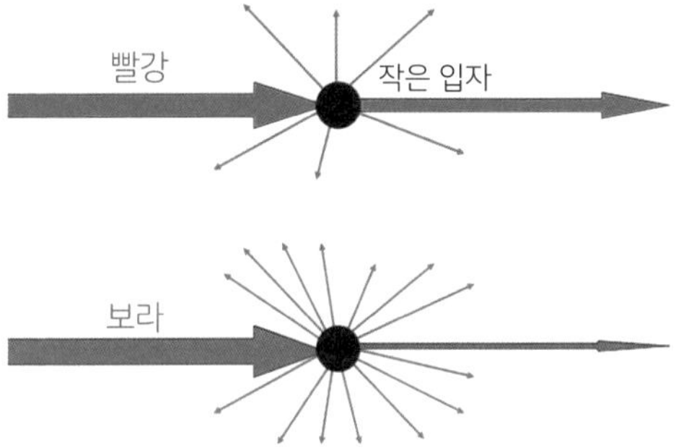

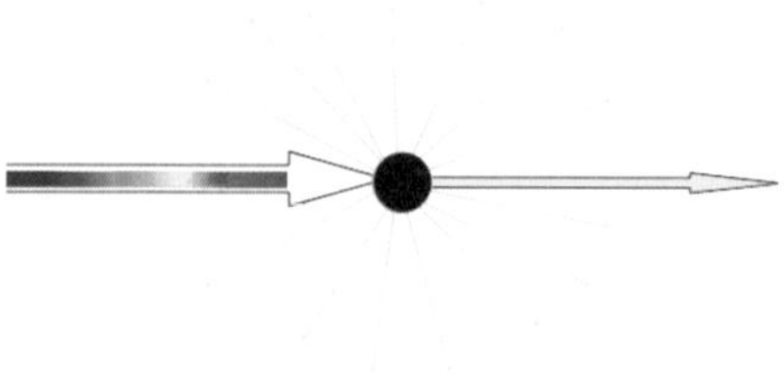

앞에서 살펴보았듯이 백색광은 색의 혼합이다. 하얗게만 보이는 빛이지만 작은 먼지 알갱이는 여러 원색의 빛을 함께 받는다. 백색광의 빨간색 부분은 대부분 계속 앞으로 가고 사방으로 퍼지는 양은 아주 적다. 반대로 보라색 부분은 극히 일부만 앞으로 가고 대부분이 사방으로 흩어진다. 따라서 백색광은 확산 방향에 따라 변한다. 앞으로 가는 빛에는 빨간색이 많고 보라색은 아주 적게 나타난다. 반면, 옆쪽으로는 노란색과 주황색 또는 빨간색이 거의 없고 초록색과 파란색,

보라색이 훨씬 많다. 아주 단순화하여 보면, 앞쪽은 대부분 노란색이고 측면은 파란색, 초록색, 보라색의 혼합일 것이다. 이와 같은 빛의 산란은 백색광을 분리하는 결과를 가져온다. 노란색은 앞으로 가고 파란 부분은 측면으로 흩어지는 이러한 현상은 1869년 영국 물리학자 존 틴들이 발견하여 '틴들 현상 Tyndall effect'이라고 부른다. 우리는 지난 수십 년 동안 자연의 흥미로운 정보들을 알게 되었고, 그만큼 여러분은 경험할 것이 많아졌다. 지금 내가 여러분의 고조부모에게 아무리 설명해도 아마 그분들이 이해하기에는 쉽지 않을 것이다!

우리는 이제 하늘이 파란색을 띠는 이유에 관해 설명할 수 있다. 대기 자체에는 색이 없다. 공기가 본래 색이 없기 때문이다. 지금이 대낮이라고 가정해 보자. 우리 머리 위로 태양이 떠 있고 땅으로 백색광이 쏟아진다. 이 백색광은 대기층에서 분자와 먼지 알갱이들로 인해 산란할 것이다. 이렇게 작은 입자들은 대부분 파란색을 측면으로 보내고 노란색은 계속 앞으로 보낸다. 만약 태양과는 다른 쪽의 하늘을 본다면, 당신은 대체로 파란색 하늘을 보게 될 것이다.

반대로 태양을 바로 바라본다면(눈 조심하세요!) 당신이 보는 하늘은 노란색이다. 그러나 태양은 노랗지 않다. 보이는 것보다 훨씬 더 하얗다. 하지만 태양 빛이 우리 눈에 다다를 때 파란색은 주위 사방으로 이미 산란해 버렸기 때문에 우리 눈에는 태양이 노랗게 보이는 것이다. 간단히 말하자면, 하늘의 빛은 원래 하얀색인 태양에서 나온 것이지만 분자와 먼지 알갱이들 때문에 산란하여 파란색처럼 보인다.

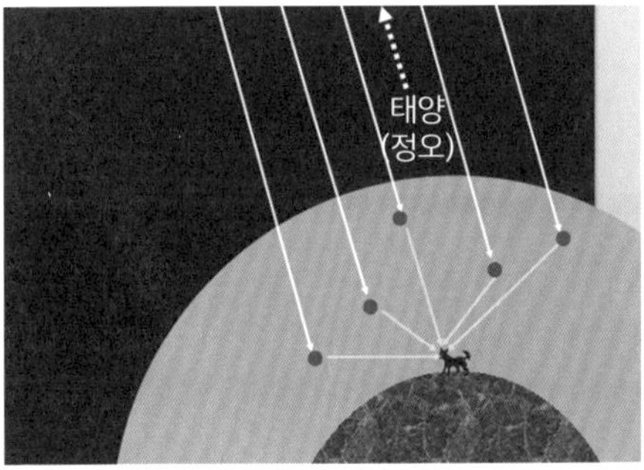

자, 왜 우리 눈에 하늘은 파랗고 태양은 노랗게 보이는지에 대한 설명이 되었다. 대기는 태양으로부터 똑바로 오는 노란색 빛과 사방에서 오는 파란색 빛으로 분리되었다. 그런데 정오 때처럼 우리 머리 바로 위로 해가 떠 있는 게 아닌 해 질 무렵에는 하늘의 색깔이 바뀐다. 당신이 태양 쪽을 바라보면, 빛이 당신에게 다다르기 위해 뚫어야 하는 대기의 두께가 훨씬 더 두꺼워지고 태양 빛으로부터 아주 많은 양의 파란색이 제거된다.

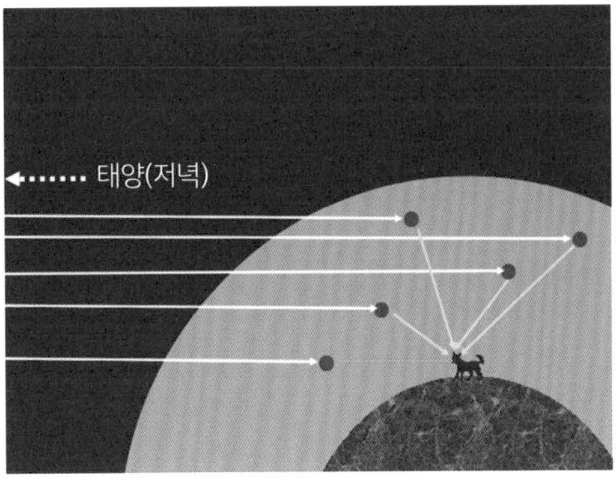

태양광이 일직선으로 당신에게 닿을 때 그 빛은 주황색 또는 빨갛기까지 한 빛깔로 남아 있게 된다. 이것이 바로 해가 우리 머리 위에 떠 있을 때 하얗거나 노랗게 보이는 것과 달리, 질 때는 주황색이나 빨갛게 보이는 현상의 원인이다.

파란 하늘에서부터
파란색 눈까지

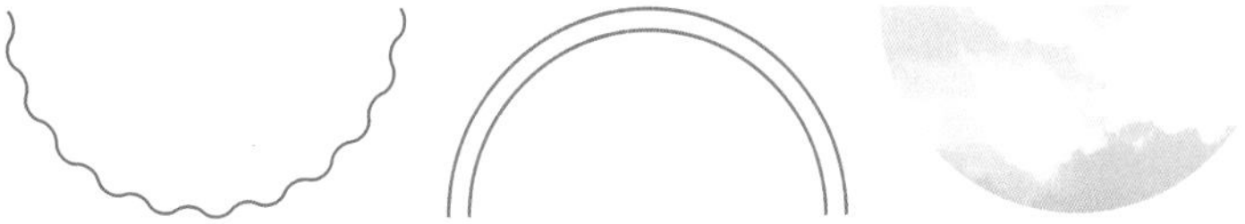

이제 우리가 왜 파란 하늘을 보는지 알게 되었다. 하지만 빛이 작은 입자들로 인해 산란하여 파란색이 되는 틴들 현상은 다른 곳에서도 발견할 수 있다. 단지 이 현상으로만 하늘의 파란색을 설명할 수는 없다. 예를 들어 당신이 여름에 산과 숲을 바라볼 때, 그 풍경과 당신 사이의 먼지와 꽃가루로 이루어진 낮은 대기가 틴들 현상을 일으켜 산까지도 파랗게 보이게 만들기 때문이다. 이 틴들 현상은 왜 일부 보석들이 파랗게 보이는지도 설명해 준다. 보석 내부에 있는 작은 불순물이나 알갱이가 우리 눈에 주로 파란색을 반사하기 때문이다.

담배 연기가 파랗게 보일 때가 많은 이유 역시 이 틴들 현상으로 설명할 수 있다. 연기의 작은 입자들 때문이다. 또한 일부 사람들이 왜 파란 눈을 가졌는지도 틴들 현상이 설명해 준다. 갈색이나 검은색 눈을 가진 사람들은 홍채에 색소를 가지고 있는데, 많든 적든 그 양에 따라 홍채에 색깔이 나타난다. 그런데 이 색소가 전혀 없는 경우, 틴들 현상으로 홍채에서 흩어진 빛이 홍채를 파랗게 보이게 한다!

다시 말해 눈 자체가 진짜 파란색인 사람은 아무도 없다. 실제 눈에는 색깔이 없지만, 눈이 반사한 빛이 파랗게 되는 것이다.

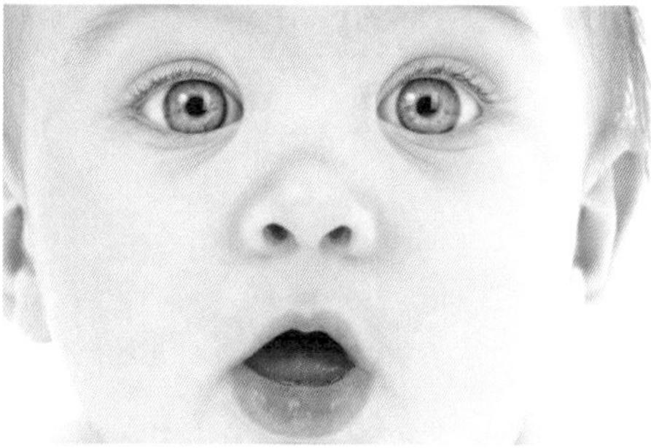

그렇다면
구름의 색은?

다시 하늘 이야기로 돌아와 보자. 하늘은 파랗다. 하지만 하늘에는 구름도 있다. 하늘은 파란색인데 구름은 왜 하얀색이거나 회색일까? 구름이 없는 하늘에서 일어나는 현상이 구름에서도 발생한다고 예상해 볼 수 있을 것이다. 어쨌든 작은 물방울이 모여 구름이 만들어지기 때문이다. 이 물방울들이 대기 중 먼지 알갱이들과 같은 효과를 낼 수 있고, 구름이 틴들 현상의 영향을 받아 파랗게 보일 수 있는 것이다. 하지만 여기에서 차이점이 있다. 대기 중에는 빛을 분산시키는 산소나 질소 분자가 대부분이다. 이런 경우 노란색은 직진할 것이고 파란색은 사방으로 퍼지는데, 이런 현상은 아주 작은 입자들의 경우에만 일어날 뿐이다. 물방울처럼 대기 중

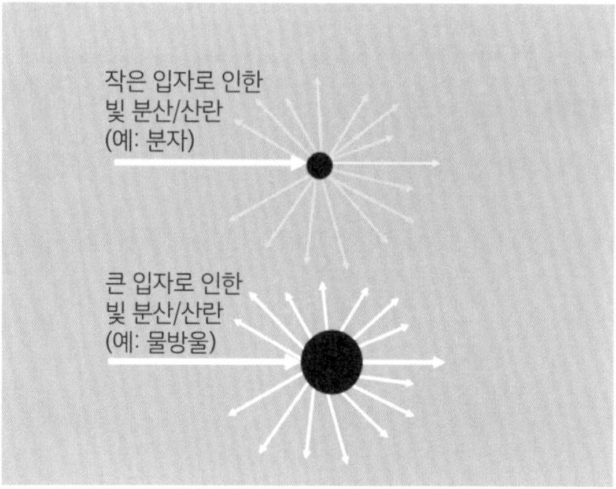

의 입자보다 더 큰 입자들은 틴들 현상이 일어나지 않으며, 산란이 일어나도 색깔에는 영향을 끼치지 못한다. 모든 원색으로 구성된 백색광이 사방으로 다시 반사되기 때문이다.

구름 속 물방울들은 빛을 노란색 방향이나 파란색 방향으로 선별하지 않으며, 사방으로 반사한다. 이런 이유로 구름이 우리 눈目에 하얗게 보이는 것이다. 눈雪이 하얗게 보이는 것도 같은 이치다.

구름에 관한 이야기를 시작한 김에, 하늘에서 눈길을 끄는 빛 현상에 관해서도 소개해 보고자 한다. 오후가 지날 무렵, 해 지기 전에 지평선 근처의 구름 무리 뒤로 해가 가려지면서 부채꼴 광선이 나타나는 현상을 본 적이 있는가? 이를 '틈새빛살(부채살빛)'이라고 부른다.

'틈새빛살'은 구름층 틈으로 새어 나온 광선들을 일컫는 말로, 빛이 대기 중에 떠 있는 먼지 위에서 분산되면서 나타난다. 여기에 놀라운 점이 있다. 무엇일까? 간단히 말해, 태양은 지상과의 거리와 비교해 사실상 무한한 거리에 있다고 할 정도로 매우 멀리 있으며 태양으로부터 나오는 모든 광선은 말하자면 원래 평행하다는 사실이다. 그런데 왜 빛이 같은 지점에서 벌어지면서 갈라지듯 보일까? 바로 원근법으로 인한 기하학적인 순수 효과다. 먼 곳까지 뻗어 있는 철로를 생각해 보자. 많은 서부 영화에 등장하는 고전적 장면이다. 나란히 놓여 있는 철로는 멀리 떨어질수록 서로 가까워지다가 지평선에서 서로 맞닿는 것처럼 보인다. 실제로는 전혀 그렇지 않다. 레일은 평행하게 펼쳐져 있을 뿐이다. 너무도 다행이다. 안 그렇다면 기차는 제대로 굴러갈 수가 없다! 원근 착시 현상 때문에 같은 물체가(이 경우에는 철로가) 멀리 있는 만큼 더 작게 보여 서로 다가가는 것처럼 보인다. 틈새빛살 현상도 이와 동일하다. 태양의 평행한 빛이 원근법 효과 때문에 부채꼴 모양으로 갈라져 보이는 것이다.

빛의 분산과 녹색섬광

이제부터는 매우 흔하기는 하지만 아마도 가장 흥미롭기도 한 현상, 무지개에 대해 접근해 볼 것이다. 우선 '대기 확산'에 관해 이야기해 보자. 앞서 우리는 프리즘이 백색광을 여러 색깔로 분산시킨다는 사실을 이해했다. 지구 대기권이 바로 이 프리즘처럼 작용한다. 가능하면 달의 모양이 보름달에 가까울 때, 그리고 달이 뜨거나 질 즈음 지평선과 가까울 때 잘 살펴보도록 하자.

달의 빛은 태양의 경우에서 보았던 것처럼 프리즘 역할을 하는 두꺼운 대기층을 가로지르며, 빛의 색깔에 따라 달의 이미지는 여러 가지로 바뀐다.

다음의 사진은 파란색 이미지, 노란색 이미지, 빨간색 이미지가 겹쳐진 결과다. 이미지가 서로 포개진 모습에서 다양한 원색의 혼합인 표준색이 나타난다. 그런데 가장 높은 부분에 위치한 파란색은 다른 색의 혼합으로 절대 가려지지 않으며 가장 낮은 부분의 빨간색도 마찬가지다. 그 결과 위쪽은 파르스름하고 아래쪽은 불그스름한 색깔의 테두리가 나타난다. 예를 들어 금성의 아름다운 초승달처럼 천체들을 작은 망원경으로 관찰할 때도 이와 똑같은 분산 효과를 볼 수 있다.

이 분산 효과는 또 다른 기이한 현상에 대한 설명이 된다. 바로 '녹색섬광'이다. 실제로는 보기 어려울 정도로 드문 현상이다. 해가 매우 평평한 수평선, 예를 들어 바다처럼 깨끗하고 맑은 곳에 있을 때 감시하듯 지켜봐야 한다. 해가 지면서 수평선 뒤로 조금씩 사라지는 순간을 잘 관찰해 보라. 기회가 된다면 태양의 테두리 끝이 수평선 아래로 사라지는 마지막 1초에서 2초 사이에 에메랄드빛 초록색으로 빛나는 모습을 볼 수 있다.

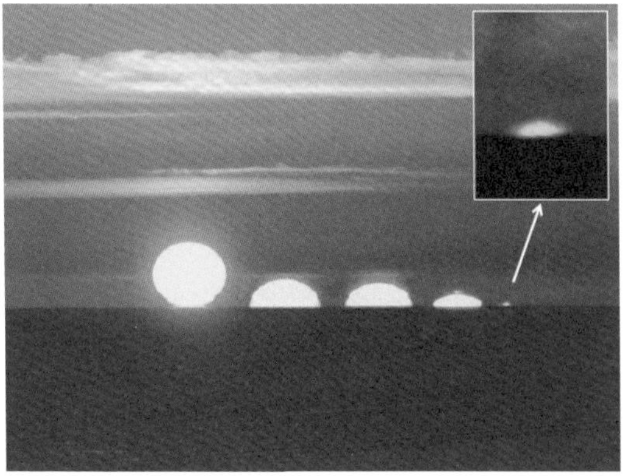

미국 사람들과 영국 사람들은 이를 '그린 플래쉬green flash'라고 부르는데, 프랑스어 '녹색광선rayon vert'보다 정확한 표현이다. 만약 이 현상이 존재한다는 사실을 모른다면 목격할 기회도 없을 만큼 찰나에 일어난다. 게다가 지금 이 현상에 대해 잘 이해하고 계속 기억하고 있더라도 매우 까다로운 조건이 갖추어져야 볼 수 있다. 맑게 갠 건조한 겨울날 서쪽 수평선에서 더 쉽게 발생하는데, 대기가 맑고 수증기가 많지 않기 때문이다. 이런 초록색 섬광은 왜 발생할까? 달의 경우와 같다. 해가 질 때 대기가 확산 효과를 일으키기 때문에 태양의 테두리 위쪽은 파란색이고 아래쪽은 빨간색인 모습을 볼 수 있다. 태양이 사라지기 직전이 아니라면 태양이 너무 밝아서

여러분의 눈은 이 얇은 테두리를 구별하지 못한다. 그러나 마지막 순간에 발광 표면 전체가 사라지려는 바로 그 순간, 태양 테두리의 꼭대기만 보이면서 상층부의 정상만 남는다. 그런데 왜 파란색이나 보라색이 아니라 초록색이 보일까? 앞서 살펴보았듯이 해가 질 때 대기의 두께가 두꺼워 빛이 우리 눈에 닿을 때는 파란색과 보라색 부분이 싹 사라지고 짧은 파장의 초록색만 남기 때문이다.

입체적인 무지개

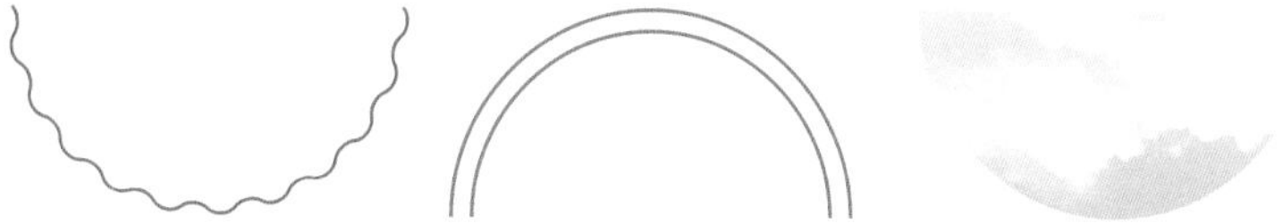

이제 정말 무지개에 관해 이야기해 보자. 무지개는 가장 눈길을 끄는 아름다운 자연 광경 중 하나임에는 분명하다. 오래전부터 인간의 상상력을 자극하기도 했다. 그리스 신화에서는 무지개를 신들의 전령인 아이리스의 베일로 여겼으며 각국의 다른 신앙에서도 인간 세계와 신의 세상을 잇는 다리라고 여기는 모습을 확인할 수 있다. 백색광의 스펙트럼과 많이 닮은 색색의 사다리는 오늘날에도 여전히 평화와 청렴의 이념을 상징한다.

여러분 모두가 이미 하늘을 가로지르는 커다란 무지갯빛 아치를 보았더라도, 이 아름다운 광경의 상세한 부분까지는 관찰하지 못했을 것이다. 때에 따라서는 잘 보일 때도 있고 잘 보이지 않을 때도 있기 때문이다. 일단 주요 무지개인 1차 무지개 주위에 다소 흐릿하고 색깔의 배열이 반대인 2차 무지개가 보이는 경우가 자주 있다.

1차 무지개는 빨간색이 바깥이고 남색이 안쪽이지만, 2차 무지개는 빨간색이 안쪽이고 파란색과 보라색이 바깥에 위치한다. 두 무지개 사이의 하늘이 어둡게 나타나는데 이를 '알렉산더의 어두운 띠(알렉산더 띠)'라고 부른다. 여기서 알렉산더는 '알렉산더 대왕'을 말하는 것이 아니라 그리스의 위대한 철학자 아프로디시아스의 알렉산더를 일컫는데, 그는 이 현상에 대해 최초로 기술한 사람으로 알려져 있다.

미묘한 현상이 하나 더 있다. 1차 무지개 아래 남색 테두리에 파란색부터 다시 시작되는 듯한 불분명한 경계가 나타날 수 있다.

이를 '과잉 무지개'라고 부르는데, 특히 뚜렷하고 환한 무지개에서 나타난다. 여러분이 관찰하는 날의 시간에 따라 달라지는데, 해가 질수록 무지개의 반원 모양이 완전해지고 높이도 높아질 수 있다.

그런데 이를 관찰하는 더 좋은 방법이 있다. 만약 해가 질 무렵 산꼭대기에서 무지개를 본다면, 원이 거의 완전히 동그란 모양일 수 있다. 태양이 당신보다 더 아래에 있기 때문에 무지개의 중심은 지평선 아래에 있다. 그리고 비행 중인 비행기에서 무지개가 완전한 원형으로 보이기도 한다!

여러분도 알다시피 무지개는 비가 오는 날에 해가 다시 나타나는 순간 대기 중에 떠 있는 물방울 때문에 볼 수 있는 현상이다. 그런데 무지개를 관찰할 수 있는 환경은 또 있다. 예를 들어 폭포나 분수 근처, 심지어 단순히 호스에서 물이 나오는 경우에 무지개가 나타나기도 한다.

무지개를 이해하기 위해서는 광선이 물방울을 통과할 때 경로의 형성에 영향을 미치는 광학 법칙을 알아야 한다. 중세시대의 아랍 학자들이 발전의 토대를 마련했고, 이후 1637년 『기상학Les Météores』이라는 저서를 통해 일관성 있는 이론을 제시한 최초의 인물이 있다. 그가 바로 17세기 위대한 철학자이자 물리학자인 르네 데카르트다. 그의 저서는 당시 기상과 관련된 모든 자연 현상을 소개해 놓았다. 그는 광선이 공기에서 물로, 물에서 공기로 통과하면서 그 중앙에서 방향의 변화를 주도하는 법칙을 정립했는데 이를 '굴절'이라고 한다. 바로 이 굴절을 통해 태양으로부터 나온 광선이 물방울에 도착하는 순간 무슨 일이 일어나는지 분석할 수 있다.

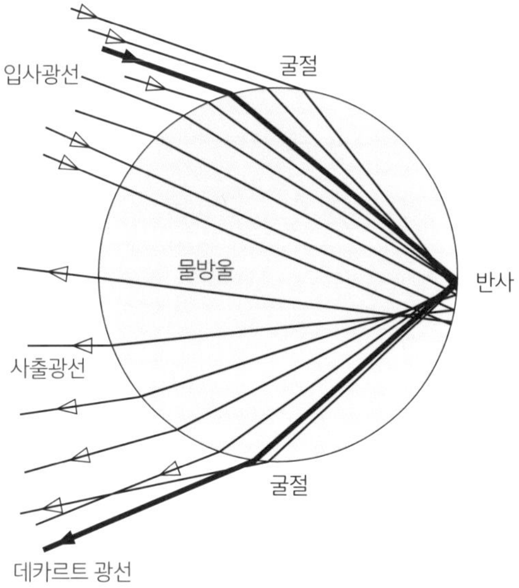

데카르트는 특히 물방울을 관통하면서 이를 가로지르고 내부 표면에서 반사되어 다시 가로지른 뒤 물방울 바깥으로 나오는 광선에 흥미를 느꼈다. 이처럼 명확한 순서는 입사광의 일부에만 해당한다는 사실을 꼭 주

의하자. 일부는 물방울에 닿자마자 반사되기 때문에 나머지가 이 순서대로 통과한 뒤 물방울 밖으로 나간다(하지만 이것은 무지개 형성과 관련이 없다). 데카르트는 굴절 법칙을 통해 광선이 물방울 표면에 닿는 위치에 따른 편차를 계산했다. 그는 그가 특별히 관심을 기울인 '데카르트 광선'이 편차가 극히 적으며, 결과적으로 대부분의 빛은 당연히 해당 방향으로 물방울을 벗어난다는 것을 보여 주었다. 다시 말해 일괄적으로 빛을 받은 물방울은(굴절-반사-굴절 후) 발광된 빛을 같은 편차 각도, 즉 데카르트 각도로 집결시킨다.

데카르트는 입사광 방향과 '그의' 특정 광선이 만드는 각도(40도 정도)를 계산할 수 있었다. 물방울의 구면 대칭은 데카르트 광선이 입사광 방향으로 축을 형성해 원추형이 만들어지는 결과를 가져온다. 만약 여러분이 물방울로 가득 찬 하늘을 응시한다면, 모든 물방울로부터 나온 빛이 당신을 비출 것이며 그 결과 데카르트 원추의 광선 중 하나가 당신의 눈에 닿을 것이다. 이 광선은 곧바로 태양의 방향으로 데카르트의 그 유명한 각도를 형성하게 된다. 다시 말해, 당신의 눈이 꼭짓점인 원추 위로 물방울들이 배치된다.

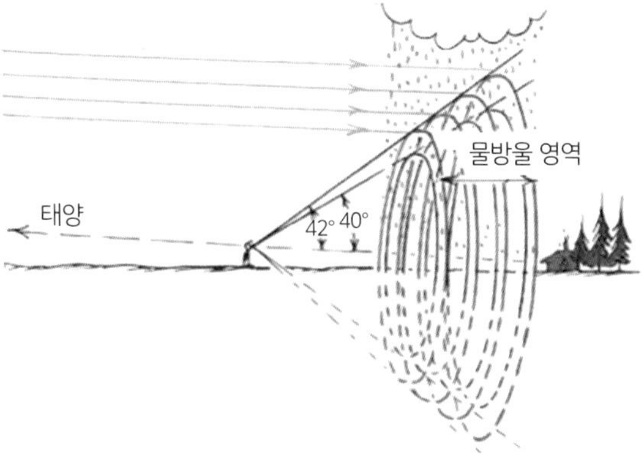

당신은 하늘에서 빛의 아치를 볼 수 있다. 그런데 이 아치가 사실 원추형의 밴드이며 그 높이가 물방울로 가득한 하늘에 속한다는 사실을 명심하자. 여러분이 이 밴드의 단면만 봐서 알아채지 못할 뿐 그 폭은 10미터가 되기도 하고 100미터가 되기도 한다. 무지개가 빛난다고 하면 바로 이 밴드 영역의 부분적 높이에서 일어나는 일을 말하는 것이다.

무지개의 색

자, 드디어 무지개의 색에 대해 이야기를 할 때가 왔다! 물은 렌즈처럼 파장에 따라 빛을 분산시킨다. 즉 공기에서 물로, 물에서 공기로 통과하는 빛의 굴절 각도는 빛의 색에 따라 달라진다. 그러므로 물방울에서 나온 데카르트 광선의 방향은 색에 따라 다르다. 물방울을 통과하면 빛은 여러 원색으로 분리된다. 다시 말해 데카르트 각도는 보라색은 40도, 빨간색은 42도로 색깔에 따라 조금씩 달라진다.

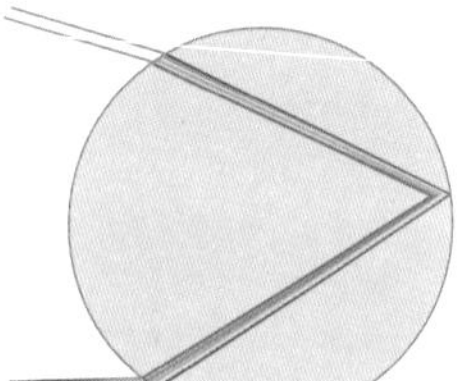

어떤 물방울은 빨간색 데카르트 광선을 당신의 눈에 닿게 할 것이고 또 다른 물방울은 보라색 데카르트 광선을 보낼 것이다.

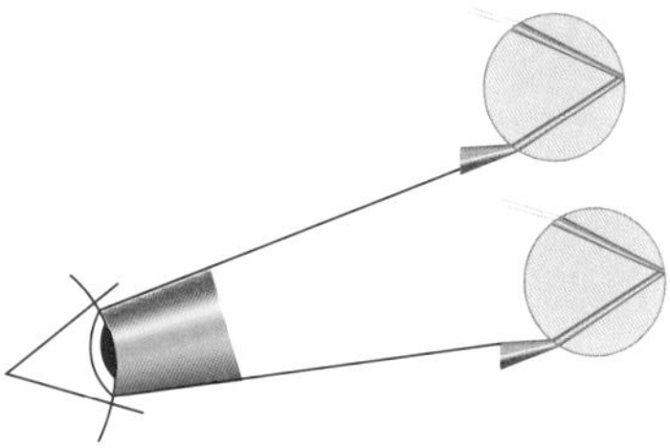

이처럼 여러분은 빛의 원색들이 나열되듯 색색이 병렬된 아치를 볼 수 있을 것이다. 선 대신 곡선의 밴드가 스펙트럼의 다양한 색깔들을 보여 주는 것이다!

2차 무지개의 경우도 1차 무지개에 대한 설명과 매우 비슷하다. 단지 광선들이 물방울을 빠져나가기 전에 재차 반사될 수 있다는 사실을 잊지 말아야 한다. 이 경우에도 2차 무지개를 발생시키는 빛의 대부분이 밀집되는 특정 편차 각도로 인해 데카르트 광선이 그 특색을 드러낸다. 그리고 기하학적 순서 때문에 무지개 색깔의 배열 순서가 뒤바뀐다.

3차 이상의 무지개를 볼 수 있으려면 물방울 내부에서 빛의 반사가 일어나는 횟수가 증가해야 하지 않을까? 사실 이론적으로는 이런 무지개가 존재할 수 있지만, 빛이 점점 줄고 심지어 무지개의 방향은 광도가 약해지는 태양의 방향과 너무 가깝다. 인간의 맨눈으로 볼 수 있는 무지개는 잘 봐야 1차와 2차 무지개뿐이다. 하지만 그것만으로도 이미 충분히 아름답지 않은가?

내가 이야기했던 내용을 요약해 보자면, 무지개를 관찰하기 위한 방법은 다음과 같다.

- 날씨 예보에서 비가 오는 지역을 알아보기
  - 당신이 있는 곳에 비가 오지 않는다면, 날씨 예보를 통해 비 오는 지역을 알아보고 태양과 반대 방향으로 조금 더 멀리 가기
  - 더 간단한 방법으로는, 살수용 호스를 이용해 당신만의 우천 지역을 만들기 (입자가 아주 고운 물방울이어야 한다)
- 해가 빛나는 장소로 가 해를 등지고 서기
- 당신의 머리가 비친 그림자를 보기
  - 머리에서 바닥에 비친 그림자까지 연

결되는 가상의 선이 있다고 가정하고, 그 선 주위로 약 40도의 커다란 원추형을 팔로 만들기

- 손을 움직이면서 무지개를 가리키기

데카르트 각도는 정해져 있기 때문에 무지개의 지름은 거의 항상 똑같다. 무지개가 멀리 있든(멀리에서 비가 오든) 가깝든(물뿌리개의 둥근 꼭지에서든) 그 위치는 쉽게 찾을 수 있다. 주의해야 할 것은, 태양이 하늘에서 너무 높이 떠 있으면 무지개를 볼 수 없다는 점이다. 왜냐하면 무지개의 원추가 땅 아래에 있을 것이기 때문이다! 태양의 높이는 데카르트 각도인 40도보다 낮아야 한다.

따라서 여러분은 여름날 정오에는 무지개를 볼 기회가 전혀 없다. 왜 무지개를 아침나절이나 저녁에 볼 수 있는지 이해가 될 것이다. 그리고 일출이나 일몰 때처럼 태양이 지평선 위로 가장 낮게 떠 있을 때, 완벽한 반원에 가까운 커다란 무지개를 볼 수 있다. 또는 산꼭대기에 올라가거나 비행기를 타고 무지개를 볼 수 있다는 사실도 기억하라!

무지개는 무엇으로 만들어질까?

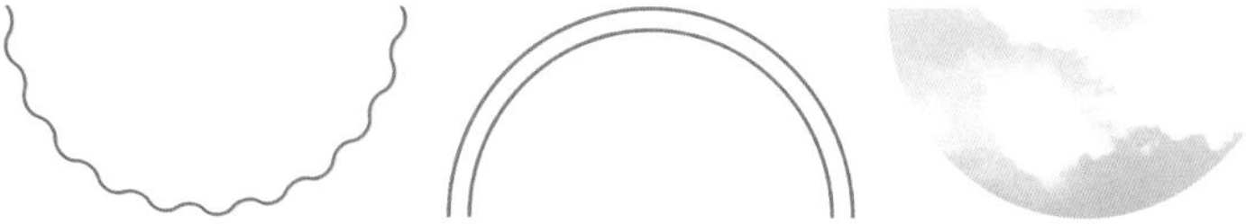

하늘에서 일어나는 또 다른 현상들에 관해 알아보기 전에 무지개의 일반적인 모습과 특별한 경우에 관해 더 이야기해 보는 게 좋을 것 같다. 여러분들 중 많은 사람이 이런 생각을 해 보았을 것이다.

'무지개는 무엇으로 만들어지고 어디에서 올까?'

무지개와 맞닿은 땅 아래를 파고들어 가다 보면 그 안에서 보물을 발견할 수 있다는 전설을 한번쯤 들어봤을 것이다. 눈앞에 멋진 무지개가 펼쳐져 있다고 가정해 보자. 무지개의 발은 어디에 있을까?

만약 우리가 들판 위에 있는데 자유롭게 그 위를 산책할 수 있다면, 무지개가 땅과 닿아 있는 그곳을 향해 가보면 될 것도 같다. 하지만 아쉽게도 우리가 무지개를 향해 다가갈수록 무지개는 뒷걸음질 친다(심지어 우리가 우천 지역을 조금이라도 벗어나면 무지개는 사라지기도 한다). 내가 앞서 설명했던 내용을 떠올려 보면, 무지개의 위치를 결정하는 건 눈의 위치라는 사실이 떠오를 것이다. 무지개는 꼭짓점에 당신의 눈이 위치한 데카르트 원뿔 위에 흩어져 있는 물방울에서 나온 빛으로 만들어지기 때문이다. 다시 말해, 당신이 보는 무지개는 당신의 것이다! 당신이 이동하면 무지개도 함께 움직인다.

당신과 함께 걷고 있는 사람은 당신이 보는 것과 똑같은 무지개를 보지는 못한다. 동행인이 보는 무지개는 당신과 당신이 보고 있는 무지개 사이의 거리와 똑같은 거리에서 분리된 것이다. 물론 당신이 동행인과 나란히 걷고 있다면, 1~2미터 정도의 간격은 큰 영향을 미치지는 않는다. 두 사람은 같은 무지개를 본다고 생각할 수도 있다. 하지만 이것은 사실이 아니다. 각 무지개를 형성하는 물방울들이 똑같지 않기 때문이다. 이제 여러분은 '무지개의 발'이 정확하고 고정적인 장소로서 존재하지 않는다는 사실을 이해할 수 있다.

이처럼 무지개는 우리에게 '현상'이라는 단어가 본래 어떤 의미였는지를 알려주는 가장 훌륭한 예가 된다. 현상이라는 뜻의 프랑스어 'phénomène'은 '나타나다'를 의미하는 그리스어 'phainomenon'에서 유래했다. 그리고 무지개는 우리에게 훌륭하고 철학적인 교훈을 준다. 우리가 객관적이고 명백한 현실로 보는 것이 반드시 물질적이고 국지적이지 않을 수 있다는 사실을 입증해 준다.

햇무리, 광륜
그리고 오로라

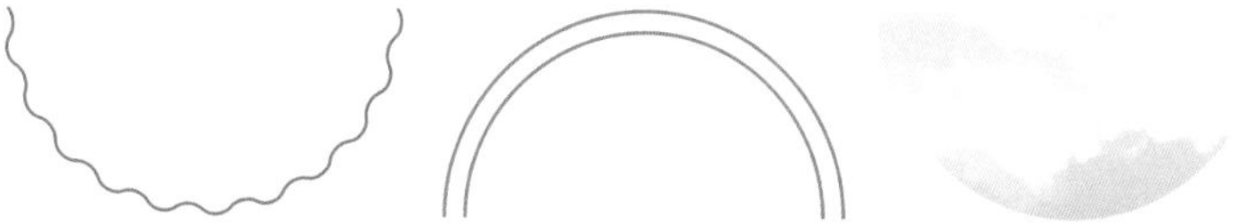

특히 겨울에 태양 주위에서 가끔 관찰되는 광륜光輪의 일종인 '햇무리'는 무지개와 같은 듯하면서도 다른 자연 현상이다. 무지개를 보기 위해서는 태양을 등져야 한다. 반면 햇무리는 태양을 에워싸기 때문에 태양 쪽을 바라보아야 한다. 햇무리는 무지갯빛을 띠는 원 형태지만 그 색이 무지개보다는 선명하지 않다. 가끔은 원이 완전히 동그랗지 않기도 하며 태양 양옆으로 작은 무지개 두 개가 나타나기도 한다. 이를 '환일 현상'이라고 부르거나, '무리해'라고도 한다.

햇무리를 잘 보려면 눈이 부시지 않도록 손으로 태양을 가리는 것이 좋다. 아메리카 대륙의 인디언들은 이 햇무리가 각각 한 마리씩 하늘의 앞과 뒤에서 태양을 수행하는 '태양의 개들'이라고 말했다. 이런 현상은 달 주위에서도 볼 수 있는데, 햇무리를 볼 때처럼 눈이 부실 염려가 없기 때문에 보기가 더 쉽다.

햇무리는 물방울 때문에 생기는 것이 아니라 얼음 결정 때문에 생긴다. 얼음 결정은 매우 추울 때 높은 대기의 구름을 형성하는데, 가볍게 흩어진 형태의 권운卷雲(새털구름)에 해당하며 '천사의 머리카락'이라고도 불린다. 작은 얼음 결정들은 무지개의 경우 물방울처럼 작용하며 굴절과 반사 현상을 통해 무지갯빛 색깔을 발생시키는 색 분산 효과를 일으킨다. 그런데 얼음 결정은 구형의 물방울보다 더 복잡한 기하학적 모양, 즉 작은 판 또는 육각형 막대 형태를 가지고 있다.

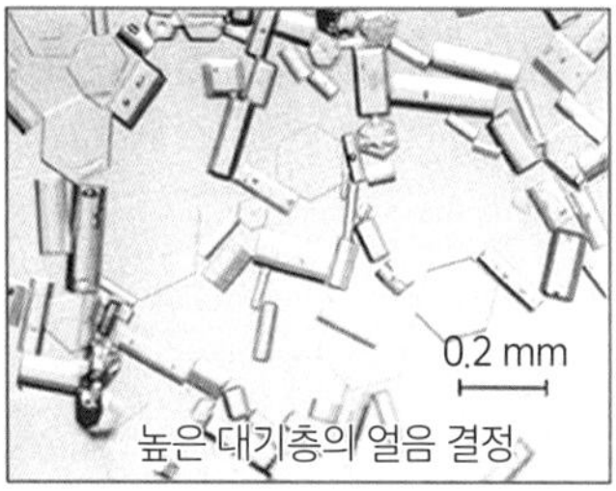
0.2 mm
높은 대기층의 얼음 결정

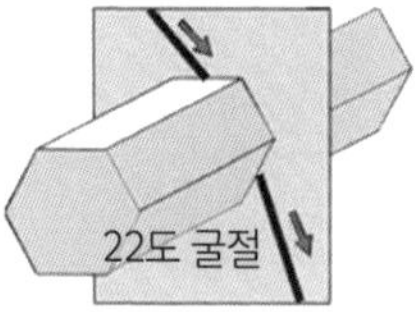
22도 굴절

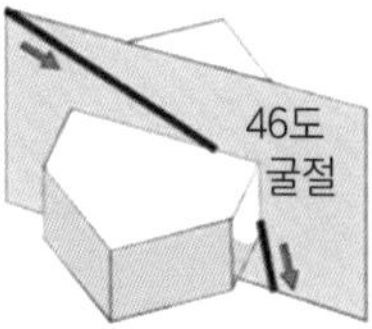
46도
굴절

이 기하학적 현상은 대기 중에 얼음 결정이 아주 많은 극지방 등에서 다양한 모양을 만들어 내며 가끔은 화려해 보이기까지 한 모양을 형성하기도 한다. 여러분들도 극지방 탐험을 한다면 절로 감탄이 나올 광경을 목격할 수 있을 것이다.

위와 비슷한 현상이 또 있다. 알고만 있다면 상대적으로 발견하기가 쉬운 '그림자광륜'이다. 당신이 산꼭대기에 있다고 가정해보자. 당신 아래로 아름다운 구름과 안개가 깔려 있고 태양이 그 위로 드리운 당신의 그림자를 비춘다. 그러면 바로 당신의 머리 그림자 주위에 아름다운 무지갯빛으로 빛나는 후광이 나타난다.

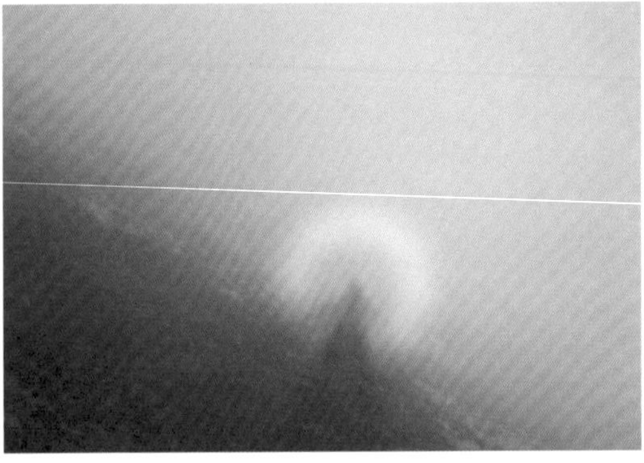

그림자광륜은 햇무리 현상과 비슷하지만 사실 매우 다르다. 그림자광륜은 태양을 에워싸지 않고 당신의 그림자 주위에 나타난다. 따라서 반대 방향에 있다. 설명하기가 훨씬 어려운 문제로, 우선 빛 파동의 양상을 기술한 이론들을 알아야 할 것이다. 하지만 나는 여기에서 그 이론들에 관해 이야기하지 않겠다. 이 현상은 '글로리glory'라고도 불리는데, 오래전 성인들의 머리 주위로 빛나던 후광을 그렇게 지칭했기 때문일 것이다. 그런데 특이한 점은, 만약 당신이 친구와 함께 산에 있는데 안개 위로 두 사람의 그림자가 비친다면, 두 사람은 각자 자신의 머리 주위에서만 그림자광륜을 보게 된다는 것이다! 만약 두 개의 광륜을 보고 싶다면, 두 사람이 포

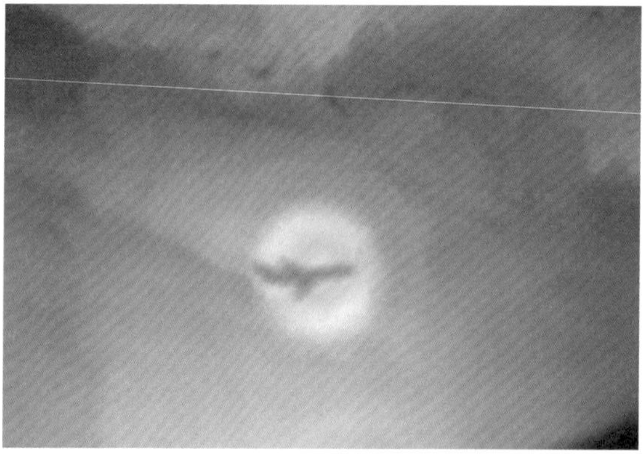

옹하거나 포개져야 한다. 다행히도 산에 가는 것보다 훨씬 쉬운 방법이 있다. 비행기를 타고 바다처럼 고르게 펼쳐진 아름다운 구름 위를 날면 된다. 만약 태양이 당신이 태양을 관측하는 쪽의 구름층 위로 비행기 그림자를 비추는 위치에 있다면, 아름다운 무지갯빛 후광이 에워싼 비행기 그림자를 자주 볼 수 있을 것이다.

참 이상하게도 항공 관련 일을 하는 사람이 그림자광륜 현상을 아는 경우가 매우 드물다. 나는 최근에 한 친구에게 이 현상에 관해 이야기했었다. 그녀는 오래전부터 비행기 승무원으로 일해 왔음에도 불구하고 이 현상을 단 한 번도 본 적이 없다고 말했다. 그 다음 주에 다시 만난 그녀는 나에게 그림자광륜 현상을 알게 된 이후로 이 현상을 여러 번 목격했다고 이야기했다.

당신 주위의 세상을 잘 살펴보라. 아름답고, 기이하고, 신기한 광경들이 많지만 우리는 보지 못한다. 그 이유는 간단하다. 우리가 그 존재를 모르기 때문이다! 그림자광륜이 담긴 사진 중 가장 눈길을 끄는 한 장은 2003년 미국 우주 왕복선 콜롬비아가 찍은 것으로, 콜롬비아의 그림자가 200킬로미터 더 아래에 있는 지구의 구름 위에 비친다. 이 우주 왕복선은 대기권으로 진입할 때 해체되면서 일곱 명의 우주 비행사를 죽음으로 몰아가고 말았는데, 그래서인지 더욱 인상적이다.

여러분에게 하늘에서 일어나는 이와 같은 현상에 대해 소개하는 게 나로서는 너무 즐겁다. 아마 가장 경이로운 현상이라고 할 수 있을 한 가지를 더 이야기해 보겠다. 바로 '극지 오로라'다. 불행히도 우리 위도 아래에서는 오로라를 보기가 어렵다. 스칸디나비아나 캐나다 또는 아이슬란드처럼 북쪽으로 올라가는 게 낫다(또는 남극으로 내려가는 게 좋다). 오로라는 밤하늘의 대부분을 덮을 정도로 아주 거대하고 화려한 빛을 띠는 휘장으로, 몇 시간 동안 느리게 일렁이며 이동한다.

오로라는 태양 주위로(심지어 태양 빛 주위로) 발산되는 전자 때문에 일어나는 현상으로 '태양의 바람'이라고 불린다. 이 전자들이 지구 가까이에 도착하면 극지방 근처에 집중된 지구의 자기장이 전자들을 끌어당기고 휘게 한다. 전자들은 대기에 들어서면서 공기 중의 질소와 산소 원자들과 충돌하고 에너지 일부를 빼앗긴다. 원자들은 상황에 따라 빨간색, 보라색 또는 초록색 빛을 발산하면서 에너지의 여분을 없애 버린다.

사실 오로라는 여러분에게 낯설지 않은 현상이다. 앞서 언급했던 네온관이나 나트륨 증기 램프와 같은 방전 램프에서 일어나는 일과 정확하게 일치하기 때문이다. 전자로 구성된 전기가 통하면 관 속에 들어 있는 가스의 원자가 빛을 방출한다. 그러나 자연은 램프 유리 안에서 발생하는 몇 데시미터의 규모에 그치지 않고 수백 킬로미터의 어마어마한 큰 그림을 선사해 준다! 우주에서부터 지구의 극지방을 완전히 둘러싼 극지 오로라를 관찰할 수 있게 되는 것이다.

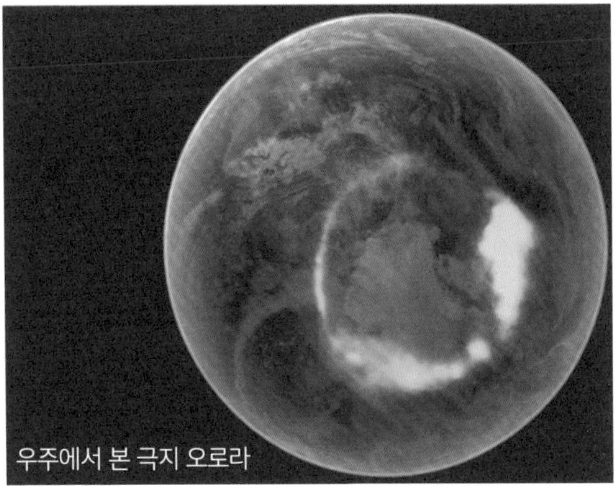

우주에서 본 극지 오로라

가변적인 태양의 활동이 강하게 일어나면 태양의 전자가 지구에 다다르게 된다. 이처럼 태양에서 오는 전자의 흐름이 매우 강렬할 때 극지 오로라가 발생한다.

하늘의 다른 색

여러분도 알다시피 지구 말고도 또 다른 행성들이 존재한다. 그 행성과 위성에서는 하늘이 어떻게 보일까? 우리가 가장 잘 알고 있는 행성인 화성에서부터 시작해 보자. 화성의 대기는 지구의 대기보다 두께가 훨씬 얇다. 지구의 대기보다 기압이 대략 100분의 1로 낮으며 대부분 탄소 기체이기 때문에 숨을 쉬는 데 적합하지 않다. 그러나 화성의 대기권은 내가 기술한 것과 비슷한 현상을 발생시키기에 충분하다.

화성의 하늘을 사진으로 찍기 위해 꽤 많은 탐사선이 화성으로 갔다. 그중 작은 탐사 로봇인 큐리오시티는 오래전부터 지금까지도 화성 위를 이동하고 있으며, 화성의 사막 전경에 보이는 흔적들과 자신의 모습이 일부 담긴 사진을 촬영한다. 이 사진은 로봇이 찍은 우주 셀카 사진이다.

화성의 하늘은 땅과 마찬가지로 노란빛이 도는 오렌지색으로 보인다. 왜 파란색이 아니라 황토색일까? 틴들 현상이 일어나기에는 대기의 밀도가 너무 낮기 때문이다. 게다가 화성을 가득 채운 토양 자체가 녹이 슨 것처럼 노르스름하거나 붉은빛이다. 따라서 화성의 하늘은 지구의 하늘이 파란색인 이유와 완전히 다른 이유로 노르스름하다. 지구의 하늘이 파랗게 보이기는 하지만 실제로 파란색이 아니라는 사실을 떠올려 보자. 반대로 화성의 하늘은 대기 중에 노란색이 있어서 노랗다. 사실상 스모그의 일종이지만 인간 때문에 발생한 것은 아니다.

토성의 가장 큰 위성인 타이탄의 하늘도 본 적이 있을 것이다. 타이탄의 대기층은 지구의 것보다 훨씬 두껍고 대부분 질소, 메탄 그리고 다른 탄화수소들로 이루어져 있다. 이는 석유를 구성하는 물질과 비슷하다. 2004년에 탐사선 하위헌스가 타이탄의 지면에 착륙하면서 사진으로 촬영할 수 있었는데, 지상으로부터 100킬로미터 높이에서 찍힌 사진들은 멋진 틴들 현상으로 인한 파란색의 하늘을 보여 준다. 그런데 더 아래쪽의 대기는 탄화수소로 가득 차 있어 틴들 현상이 사라져 하늘이 지면처럼 갈색을 띠고 있다. 이것 역시 스모그다.

만약 수성이나 달처럼 천체에 대기가 부족하거나 지나치게 밀도가 낮은 경우, 하늘은 온통 검은색뿐이다. 달의 하늘은 파랗지 않으며 색이 없다. 그러나 여러분이 달에서 자리를 잘 찾는다면 하늘에서 우리의 소중한 행성, 지구를 볼 기회를 얻게 될 수도 있다. 지구가 대부분 파란색인 이유는 바다 때문인

데, 하늘이 틴들 효과로 파란 것처럼 바다 역시 물 자체는 투명하지만 같은 이유로 파랗다. 달의 검은 하늘이 실망스럽기는 해도 우주 비행사들이 지구를 볼 수 있다는 것은 다행스러운 일이다.

마지막으로 훨씬 더 멀리 있는 별들과 성운 역시 색이 있다. 별들과 성운은 빛을 많이 내지 않기 때문에 우리 눈에 잘 보이지 않는다. 이처럼 우리의 눈은 빛이 강할 때만 빛의 색을 잘 볼 수 있게 만들어졌다. 밤이 되면 당신은 더 이상 색을 보지 못하고 검은색과 하얀색으로만 보게 된다('어둠은 모든 것을 가린다'라는 프랑스 속담도 있다). 색을 구별하는 안구 세포는 강한 빛이 필요하다. 만약 빛이 약하면 보이기는 하지만 그 색을 분별할 수 있을 정도는 아니다. 별은 이런 이유 때문에 작은 광점光點처럼 보인다. 빛이 별들의 색을 지각하기에는 너무 약하기 때문이다.

하지만 주의 깊게 본다면, 가장 빛나는 별에는 색이 있다는 사실을 알게 될 것이다. 예를 들어 시리우스는 파란색이고, 베텔게우스라는 또 다른 별은 빨간색으로 보이기도 한다. 카메라 렌즈에 충분한 빛이 들어가도록 정지 시간을 넉넉히 갖고 사진을 찍으면 별이 모두 색이 같지 않다는 것을 알 수 있다. 별들은 하얀색이기도 하고 노란색, 빨간색, 파란색이기도 하다.

하늘은 여러 색들로 가득 차 있다. 하늘을 잘 보라, 그럴 만한 가치가 분명히 있다!

질문과 답변

Q 대기층은 어떻게 구성되어 있는가?

앞에서 '대기'라는 단어를 언급만 했지 별다른 설명을 하지 않았다. 그래서 여기에서 이 질문은 아주 적절하다고 본다. 대기층은 지구를 둘러싼 기체로 만들어진 층이다. 특별한 기체로 이루어진 이 대기층 덕분에 우리는 숨을 쉴 수 있다. 대기층은 바로 산소로 이루어져 있다. 우리는 호흡을 함으로써 산소가 우리의 폐 속을 지나 혈액을 지날 수 있게 하며, 몸속에서 화학 반응을 일으켜 살아갈 수 있는 것이다. 지구의 대기층에는 불활성 기체인 질소도 있다. 산소가 너무 많으면 해로운데 이를 희석하는 게 바로 질소다. 다른 행성들의 대기층은 우리가 호흡하는 데 적합하지 않다. 예를 들어, 화성의 대기에는 이산화탄소가 있고 타이탄의 대기에는 탄화수소가 있다. 그리고 별이 너무 작으면 대기층을 가질 수 없다. 대기층을 유지하기에는 표면의 중력이 너무 약하기 때문이다. 바로 달의 경우가 그렇다. 천문학자들은 각 대기층이 형성되는 조건들, 즉 화학적 조성, 별과의 거리, 온도 등 다양한 행성의 대기층이 가진 특성을 이해하려고 노력하고 있다.

Q 무지개는 너무 밝을 때가 있고, 너무 희미할 때가 있을까?

무지개가 선명도는 두 가지 요소에 달려 있다. 일단, 무지개는 '평평'하지 않고 상당한 높이가 있다는 사실을 떠올리자. 무지개를 구성하는 작은 물방울들이 내리는 높이다. 이 우천 지역이 더 높을수록 무지개 형성에 보탬이 되는 물방울의 수는 많고 밀도가 높다. 물방울의 크기도 영향을 준다. 아주 작은 물방울의 경우 '회절'이라고 불리는 또 다른 현상이 작용한다. 이 현상은 색을 뿌옇게 만들어 무지개가 더 희미해지고 대비는 두드러

지지 않게 된다. 하지만 이 현상을 설명하기 위해서는 빛의 파동이 지닌 속성을 고려해야 하는데, 내가 지금 이 책에서 이야기하는 내용보다 더 복잡하고 어렵다.

Q 녹색섬광은 왜 해 질 무렵에 발생하고, 해가 뜰 때는 발생하지 않는가?

정말 좋은 질문이다! 사실 녹색섬광은 해가 뜰 때도 발생할 수 있다. 하지만 해가 지평선에서 떠오르는 딱 그 순간에만 발생한다. 해가 질 때는 어느 지점에서 태양이 가려질 것인지 알 수 있고, 태양이 사라지는 모습을 계속 살필 수 있기 때문에 녹색섬광이 발생하는 정확한 지점에 관찰할 수 있다. 그런데 해가 뜰 때는 태양이 동쪽에서 뜬다는 것만 알지 정확히 어디에서 나타날지는 알 수 없다. 녹색섬광은 아주 찰나에 나타나는 현상이기 때문에 정확한 방향을 지켜보고 있지 않으면 해가 지평선 너머에서 떠오를 때엔 이미 늦어 아무것도 볼 수 없다. 해가 떠오르는 순간의 녹색섬광을 찍은 사진은 한 번도 본 적이 없는 것 같다. 사실 녹색섬광을 사진으로 찍기란 해가 질 때조차도 힘들다. 광도의 변화가 너무 심하기 때문이다. 너무 세지 않은 녹색섬광을 사진에 담으려면 카메라가 태양의 강한 빛에 노출되지 않아야 한다. 눈을 반쯤 감고서라도 해가 지는 마지막 순간까지 지켜보아야 결정적인 순간을 목격할 수 있을 것이다.

Q 특별한 백색광만이 원색으로 분해될까?

전혀 그렇지 않다. 태양의 빛인 백색광은 가장 통상적으로 우리를 비추는 빛이다. 그렇지만 자연의 별들이 모두 태양 빛과 같은 빛을 발산하지는 않는다(별의 색은 입혀지는 거라고 이미 설명한 바 있다). 별들의 스펙트럼(빛의 구성)은 원색의 비율이 똑같지 않다. 인조광선의 경우는 어떨까? 집이나 공연장에서 사용하는 인공조명은 태양과 같은 색을 갖도록 해야 낯선 느낌을 주지 않는다. 예를 들어, 나트륨 증기 램프가 켜져 있다면 우리는 모두 황달에 걸리기라도 한 듯 노란색으로 보일 것이다. 너무 이상한 모습이지 않은가! 그래서 우리는 낮의 태양광인 백색에 어느 정도 부합하는 빛을 가지려고 노력한다. 하지만 다양한 용도를 위해 백색광 스펙트럼의 모든 원색을 포함하지 않는 조명을 만들어낼 수 있다. 자연적이거나 인공적이거나, 이 혼합광은 같은 방법으로 분해될 수 있다. 얻어진 원색은 똑같지만, 상대적인 비율만 다를 뿐이다.

Q 달은 왜 흰색이나 회색일까? 태양의 백색광이 비추지 않아서 달 표면의 색이 드러나지 않는 걸까?

매우 좋은 질문이다. 달은 하얀색이 아니다. 색을 지니고 있지만 우리는 그 색을 보지 못한다. 물론 달의 색이 화려하지는 않다. 새파란 바다도 없고 지상에 초록색의 숲도 없다. 하지만 달에는 햇빛이 거의 들지 않아서 우리 눈에 달의 색이 감지되지 않는다. 까맣게 보이는 평평한 지역은(적절하지는 않지만 우리는 이 부분을 '바다'라고 부른다). 실제로 푸른기가 도는 검은색이기도 하고 가끔은 불그스름한 검은색이기도 하다. 그리고 울퉁불퉁한 땅인 분화구는 더 밝게 보인다.

만약 달 위에 거대한 조명을 고정해 빛을 충분히 비춘다면 달의 색을 볼 수 있을 것이다. 하지만 달의 색을 보려면 아주 민감한 카메라가 필요하며, 빛을 많이 끌어들이기 위해 길게 정지해야 한다.

Q 밤 무지개도 낮 무지개처럼 똑같이 발생하는가?

그렇다. 달이 태양을 대신한다. 그러나 달은 빛이 많이 부족하기 때문에 밤 무지개는 보기도 어렵고 사진으로 찍기도 어렵다. 아래는 아프리카의 큰 강인 잠베지강의 폭포

위에 뜬 밤 무지개 사진이다.

폭포 주위로 흩어지는 작은 물방울들 때문에 무지개가 생긴 장면이다. 이 사진은 밤에 찍힌 것으로, 오리온자리를 비롯한 별들이 보인다. 그런데 밤 무지개를 보려면 조금은 특별한 조건이 갖추어져야 하며 무지개가 뜬다 해도 약간 창백한 색으로 그리 또렷하지 않다. 달 자체의 색깔을 보지 못하는 이유와 같다고 할 수 있다.

Q 동물들은 무지개를 보는가?

이미 이야기를 한 것 같다. 다양한 종의 동물들이 모두 같은 시각의 유형을 갖고 있지는 않다. 우리와 가장 비슷한 포유류만 살펴보아도, 대부분의 동물들이 색을 볼 수 없고 빛의 세기만 느낄 수 있다. 그래서 흔히 동물들은 흑백의 색깔만 볼 수 있다고 말한다. 만약 그런 동물들이 무지개를 본다면 아마도 하늘에 떠 있는 조금 더 밝은 띠라고 생각할 것이다. 그런데 특히 조류 중에 몇몇 동물은 우리 인간보다 훨씬 민감하게 색상에 대해 지각하며, 그 유명한(아니 어쩌면 허상인) 일곱 색깔보다 훨씬 더 많은 색의 무지개를 본다. 그 동물들이 보는 색은 우리가 볼 수도 상상할 수도 없는 범위에 속해 있을 것이다. 그들이 무엇을 보는지 우리에게 설명하기 위해 말을 할 수 없으니 안타까울 노릇이다! 그렇더라도 우리 나름의 이점이 있다. 현재로서는 인간이 적어도 지구상에서 하늘의 색을 제일 잘 이해하고 설명할 수 있는 유일한 동물이다.

Q '과잉 무지개' 현상에 대해서는 제대로 설명해 주지 않은 것 같은데?

그렇다. 미안함을 표한다. 하지만 과잉 무지개에 대해 설명하자면 회절과 광륜의 경우에서처럼 빛의 파동이 지닌 속성을 자세하게 검토해야 한다. 여러분 중 이미 이 부분에 대해 조금 알고 있는 사람이 있다면 바로 간섭현상에 대해 이야기할 것이다.

Q 다른 행성들에도 극지 오로라가 발생하는가?

당연히 발생한다! 행성에 대기가 있고, 태양의 전자를 끌어들여 유도할 자기장이 있으면 된다. 토성에서 발생한 아름다운 극지 오로라가 사진에 담기기도 한다.

우리 눈이 보는 색 이야기

초판 인쇄 | 2022년 1월 5일
초판 발행 | 2022년 1월 10일

지은이 | 장 마르크 레비 르블롱
옮긴이 | 김혜영
펴낸이 | 조승식
펴낸곳 | 도서출판 북스힐
등록 | 1998년 7월 28일 제22-457호
주소 | 서울시 강북구 한천로 153길 17
전화 | 02-994-0071
팩스 | 02-994-0073
홈페이지 | www.bookshill.com
이메일 | bookshill@bookshill.com

ISBN 979-11-5971-395-8
값 12,000원